北極に通い続けた
犬ぞり探検家が語る

犬ぞりで観測する
北極のせかい

山崎 哲秀

『北極犬ぞり探検家』が30年以上も観測活動を続ける理由

高校時代、自分の進路について悩んでいた頃、たまたま本屋で見つけた植村直己さんの本を読んで衝撃を受けたことが、僕の冒険家としての人生の始まりです。

そして、19歳のときに現場作業のアルバイトでお金を貯め、植村直己さんを真似てアマゾン川のイカダ下りに挑戦するものの、あえなく失敗……。イカダが転覆し、流木にしがみついていたところを、船で通りがかった原住民に助けられました。

このとき、パスポートやお金、持っていた荷物をすべて失いましたが、これが日本以外での僕の冒険家としての第一歩だったかもしれません。

翌年、懲りずに再チャレンジし、見事に成功。約５０００㎞の距離を44日間かけて、アマゾン川をイカダで下ったのです。

その後、植村直己さんの足跡をたどるように極地へ出向くのですが、１９９５年に北極圏にあるスバールバル諸島（スピッツベルゲン）北東島の北極圏氷河学術調査隊（日本、ノルウェー、ロシア合同）に参加したことをきっかけに、観測調査に興味を持つようになりました。もしも、極地へ興味を抱いたきっかけが、植村直己さんではなく、観測調査のほうが先だったとしたら、おそらく高校生の僕は研究者を目指していただろうと思ったほどです。

その後、北極で活動しながらも、北極圏氷河学術調査隊、第46次日本南極地域観測隊、ロシアカムチャツカ・イチンスキー氷河観測隊などに参加することで、冒険とは違う極地の奥深さを学ばせてもらいました。

そして、『古来から伝承されるエスキモー民族の犬ぞりを使って、北極で観測活動をする』という、極地活動をしていく上での目標が定まったのです。

といっても、誰かが支援してくれるわけではありません。

そこで自分の活動を『アバンナット北極プロジェクト』と命名し、南極地域観測隊などの仕事で得たお金や株式会社モンベルが主催するモンベル・チャレンジ・アワードの賞金などを使って、北極観測の活動をスタートさせました。誰かに頼まれたわけでもなく、自分が好きではじめたボランティアでの観測活動です。

――ちなみに、モンベル・チャレンジ・アワードを受賞したのは、活動をはじめて3年目の2009年で、それまでの活動を評価されての受賞になります――

ただ、冬の北極で長年活動を続けていると、日本の研究者の方々から観測アシスタントとしての仕事をいただいたり、『アバンナット北極プロジェクト』を支援してくださったりする人たちが増えていったのです。これには、本当に感謝しかありません。

僕は、つくづく周りの人たちに恵まれている幸せ者だと思います。

講演会を依頼してくださる皆様、Tシャツやカレンダーを購入することで犬ぞり犬をサポートしてくださる方々、この場をお借りしてお礼申し上げます。
「本当にありがとうございます！」
そして、本書を出版するにあたり快く協力してくださった、渡辺興亜先生、的場澄人先生、青木輝夫先生、原圭一郎先生に心より感謝いたします。ありがとうございました。
最後に、『アバンナット北極プロジェクト』の最終目標である、グリーンランド北西部地方のシオラパルク村に、日本の研究者のための観測施設を設置すること、日本とグリーンランド北西部地方との文化交流が進み、シオラパルク村が存続し続けること、本書を読んでくれた子どもたちが、極地での観測活動に少しでも興味をもってくれることを願って……。

北極犬ぞり探検家　山崎 哲秀

もくじ

第2章　北極と南極の観測活動

もくじ

ドーム
Fuji
JARE

1 北極(ほっきょく)と南極(なんきょく)の基本知識(きほんちしき)

なぜ北極や南極は寒いのか？

地球は球体のため、太陽の当たり方が場所によって違う

光は斜めから当たると広がるため、真上からの光に比べ、同じ面積当たりの光の量が少なくなります。

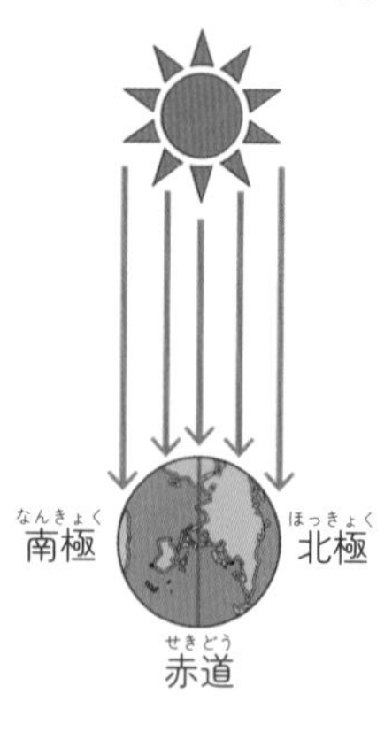

地球は球体のため、赤道付近は太陽の光が真上からあたり、北極や南極の極地は、太陽の光が斜めから当たっていることになります。

暖炉で正面が一番暖かいのと同じ

北極と南極では、どちらの方が寒い？

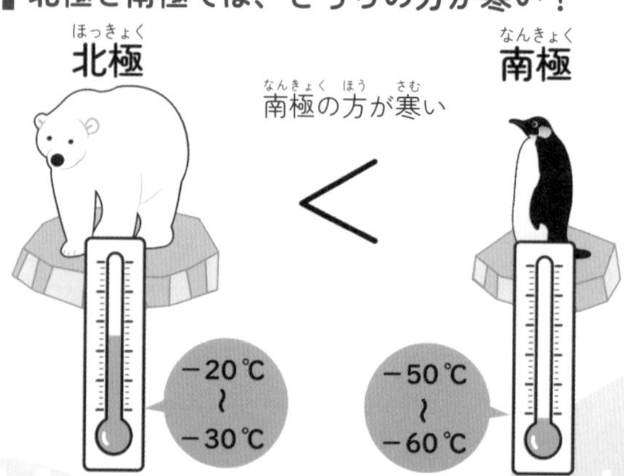

北極と南極では標高が違うため、南極の方が寒くなる

北極は、海が凍った海氷（32ページ参照）のため、冬でも氷の厚さは1～3m、最大で10mほどしかありません。一方、南極は陸地が氷で覆われた氷床（32ページ参照）のため、70万年以上も昔から降り積もった雪の標高は平均で2,200mもあります。

南極の氷がすべてとけると地球の海面は60m上昇する

北極と南極の寒さ以外の違い

北極は海（公海）のため、どこの国のものでもない

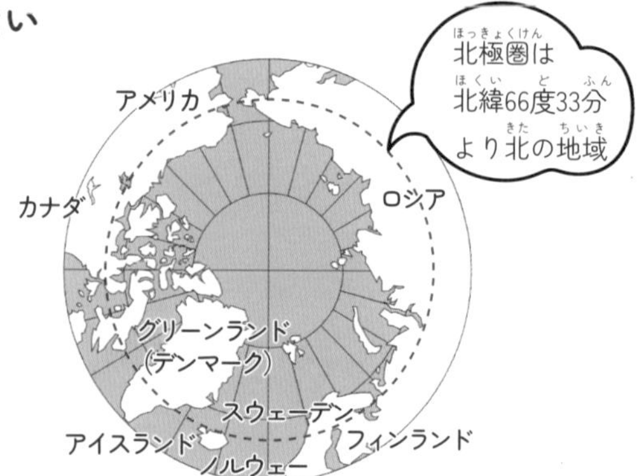

北極圏には、何千年も昔から人が暮らしています。
現地では彼らのことを「イヌイット」と呼んでいます。

南極は海ではなく大陸だが、南極条約によりどこの国のものでもない

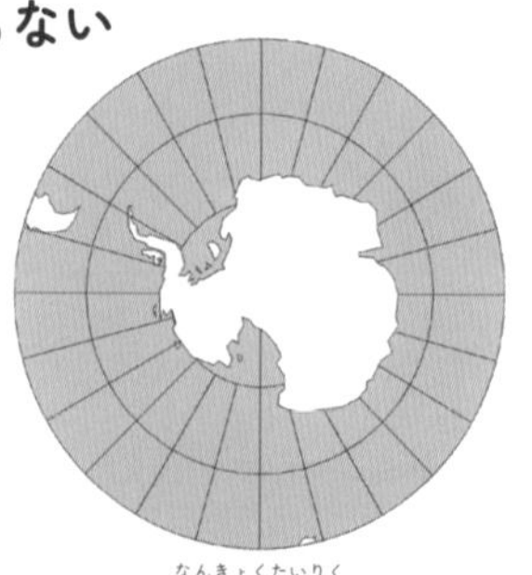
南極大陸

村や町はなく人は住んでいないが、世界各国の観測基地がたくさん作られている

北極と南極では、生息する動物も違う

シロクマとペンギンが一緒に描かれている商品をよく見かけますが、実際は同じ場所にはすんでいません。

北極と南極では、人間に対するアザラシの行動が違う

アザラシは、北極と南極の両方に生息しています。北極では人間に気づくと100mくらい離れていても、氷の穴に逃げてしまいますが、南極では人間が近づいても逃げたりしません。

シロクマも人間もアザラシを食べて生活しているため、アザラシにとっては天敵

南極条約で、アザラシに近づくことが禁止されている

北極にすむ生き物たち

北極にはたくさんの生き物がすんでいます。最初に思い浮かべるのは、シロクマことホッキョクグマではないでしょうか？　オスなら最大800kgにもなる肉食動物で、アザラシや魚を食べます。

ホッキョクギツネ

ホッキョクグマ

ホッキョクウサギ

トナカイ

ジャコウウシ

ホッキョクオオカミ

アザラシ
うみ
海
いろいろな種類の魚
セイウチ
ホッキョククジラ
カラス
ハヤブサ
そら
空
アッパリアス
カモメ
シロフクロウ

アザラシもアシカも脚がヒレになっている哺乳類の仲間

哺乳類は水中で息ができないため、ときどき海上に顔を出して呼吸をしています。

アシカ

アザラシ

セイウチ

オットセイ

冬は海が凍ってしまうため、呼吸用の穴をいくつも仲間と作っています。みんな同じ穴から鼻先を突き出して呼吸をすることで、穴が凍らないようにしているのです。

40分以上も海中に潜っていられる仲間もいる

アザラシに似ているようで違うアシカの仲間

アシカの仲間「アシカ科」は、前脚で上体を支え、歩くことができるのが特徴です。

アシカ

- 耳がついているのが特徴
- アメリカのカリフォルニア湾など暖かい海にすんでいるため、北極にも南極にも生息していない

オタリア

- がっしりとした体と鳴き声から「海のライオン」と呼ばれている
- 南半球の暖かい海にのみ生息

トド

- アシカ科の中で一番体が大きい
- 北半球のみに生息しているが、北極には生息していない

オットセイ

- 耳たぶが長く、鼻先が尖っている
- 小型で体は毛で覆われている
- 南極に生息している仲間もいる

北極にすむアザラシの種類

アゴヒゲアザラシ

- 体長は 2～3m で、北極圏で一番大きい
- 全身は茶ねずみ色
- 長いアゴヒゲ状の毛が名前の由来

グリーンランド北西部地方

タテゴトアザラシ

- 体長は 1.5～2m
- 灰色の毛にハープ(竪琴)のような黒い模様がある
- 魚類やエビ、カニを食べている

ワモンアザラシ

- 体長は 1～1.5m と小型
- 全身に黒っぽい輪の模様がある
- 小型の魚や大型プランクトンを食べている

野生の大ウサギがいる

ホッキョクウサギ

- 体長50㎝を超える野生の大ウサギで、雪に埋もれないように足が長いのが特徴。寒いところにすんでいる動物ほど、体温を保つために、体が大きく進化する傾向にある
- 夏は草花を、冬は雪をかき分けてコケや樹木を食べている
- アザラシ同様、ウサギも北極の人々にとって貴重な食糧のひとつ

北極に生息する魚たち

北極海には多くの魚介類が生息している

北極の海水の表面温度は、１年を通してマイナス１～２℃ほどしかないが、たくさんの魚介類が生息しています。

オヒョウ

タラ

シシャモ

ホッキョクイワナ（海氷がとける季節に、湖や池に産卵のためにやってくる）

ニシオンデンザメ（400歳以上、生きるものもいる）

ホッキョククジラ

ウニ

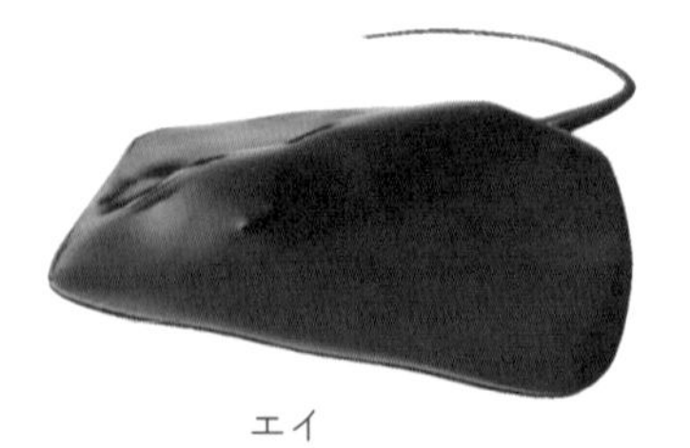
エイ

甘エビ

グリーンランド北西部ではオヒョウ漁が盛ん

オヒョウ漁は確実に現金が入るため人気で、シロクマやセイウチを狩っていた猟師たちが、最近ではオヒョウ漁をするようになりました。いい釣り場に当たると、一回で数十匹も釣れることがあります。

「わかさぎ釣り」のように、海氷に穴を開けて、釣りをしている様子。釣った魚にサメが食らい付き、体長2m以上の大きなサメや体長50cmほどのエイが釣れることがあります。

日本のスーパーで、グリーンランド産のオヒョウが売られているなんてことは珍しくないです。右の写真は、オヒョウのお刺身。

シオラパルク村の前にある氷のクラック（割れ目）に仕掛けをたらして魚を釣っている様子。
オヒョウ釣りのエサとなるイカルアック（15〜20cmほどの魚）を釣っている。

グリーンランドの南部地方では、一年を通して船での漁業が盛ん

冬でも海が凍らないグリーンランドの南部地方では、一年を通して船での漁業が盛んに行われており、甘エビなど日本に輸出している水産物もたくさんあります。
カニ漁やウニ漁も行われていますが、イヌイットの人たちはウニを食べる文化がないため、ウニは輸出用となります。

イヌイットの人たちは、生で魚を食べるのが主流

最近はさまざまな製品（調理器具）の普及により調理の幅も広がっています。また、生といっても日本のように獲りたての魚を新鮮なうちに食べるというよりは、一度凍らせてから食べることが多いです。これは、魚に付く寄生虫を避けるための知恵だと言われています。そのため、日本のような刺身ではなく、冷凍保存したオヒョウやホッキョクイワナが、包丁やナイフで身を切り落とせるくらいの半解凍状態になってから食べています。

昔は塩のみで食べることが多かったのですが、いまは北極でも醤油が人気で、チューブ入りのワサビなども輸入されて売られています。

北極圏にある村『シオラパルク』

グリーンランド最北端にある人口40人ほどの集落。南極の昭和基地（南緯69度00分）より極点に近い場所（北緯78度47分）にあります。

日本が昭和の頃、シオラパルク村には電気がなかった

日本で多くの人が初めて電灯を見たのは、東京銀座に設置されたアーク灯で明治時代（1882年）。いまから140年以上も昔のことです。一方、シオラパルク村に大型のディーゼル発電機を利用した発電設備が完成したのが1992年（平成4年）。そこから一気に家電製品が普及しました。

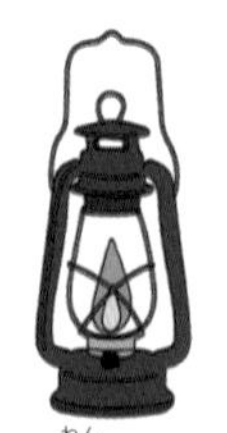
1992年より前はランプで生活していた

家電製品が普及

シオラパルク村には水道がない

水道はありませんが、2001年の夏に完成した『給水所』があります。夏に川となった雪解け水を、冬の間に村人たちが使えるだけ貯めておきます。

直径３mくらいの大型の貯水タンク９個分で、水が凍らないように、貯水タンクは暖房のきいた建物の中にあります。
それ以前は、氷河の氷を飲料水や生活用水として利用していました。海辺に打ち上げられた氷山の氷をとかして使うのですが、氷の表面には海水が凍り付いているため、落としてあげる必要があります。シオラパルクの村人たちも給水所に慣れてしまうと、近い将来、清氷と塩分の混じった氷の区別ができなくなる日が来るかもしれません。

アイスピックやナイフの先で、氷の表面に凍り付いた海氷を落としている

ボタンを押すと注水口から水が出る

シオラパルク村でもインターネットが使える

電気とインターネットが使えるようになったことで、シオラパルク村に、一家に一台のパソコンブームが訪れました。いまでは、誰もが普通にスマートフォンを持っています。これにより、ネットショッピングを利用する人が増えました。

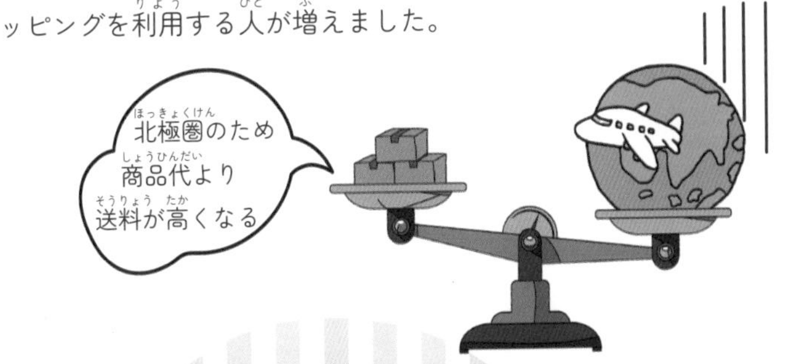

2

北極と南極の観測活動

なぜ南極と北極の両方を観測する必要があるの？

地球規模の気候区分のひとつに『雪氷圏』があります。雪氷圏とは水が固体である氷として存在している地域のことで、氷床・氷河、永久凍土などです。具体的には、北極と南極、そしてヒマラヤやアルプスのような高い山の一定標高以上の地域になります。

特に氷床の割合は雪氷圏では膨大で、その変動は海の水位に関わるほどです。

氷期と呼ばれる地球が寒かった時代には、海の水位がいまより120メートルほど低く、ベーリング海峡付近にベーリンジアという巨大な陸地が出現するほどでした。

このように**雪氷圏の存在とその変化は、地球環境に大きく影響する**わけです。

さらに雪氷圏の現象は、北極域と南極域でかなり異なっています。

そもそも南極氷床は固体水量の90%、グリーンランド氷床は9・7%と規模が違います。加えて、大陸や海の配置などの違いもあるため、北極と南極の両極域の気候の状態やその変動の関係を明らかにするには、両方を観測する必要があるのです。

気象観測（風速測定）の様子

北極にて新しく再凍結した海氷（手前側）を調べている様子
奥が流されなかった海氷

氷河と氷床と海氷の違いってなに？

北極や南極のように夏でも寒い地域では、降った雪が何年もとけないため、先に積もった雪が後から積もった雪の重さで押しつぶされ、やがて大きな氷の塊になります。

もち米をついてお餅を作る、お餅つきをイメージするとわかりやすいと思います。

硬いイメージのある氷ですが、つきたてのお餅のように形を変える（図①参考）ため、中心部から外方向に向かってゆっくり流れ始めます。これが『**氷河**』です。

なかでも、南極大陸やグリーンランドのような広大な陸地を覆う大きな氷河のことを『**氷床**』と呼びます。

地球上にある氷河や氷床の90％は南極に、9％はグリーンランドにあります。

『**海氷**』は、海水が凍ってできた氷です。

しかし、海氷の中には氷河が海までせり出し、割れて海に流れ出た氷の塊もあります。

これを『**氷山**』といいますが、海水からできたわけではないので、しょっぱくありません。

グリーンランド北西部の町、カナックの氷河

氷河をお餅にたとえると……

もち米をつくとお餅になるように、すごい力で雪を押しつぶすと、氷に変わります。

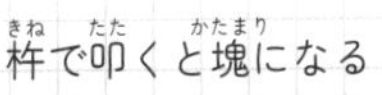

杵で叩くと塊になる

つく前はごはんと同じ粒の状態（もち米）

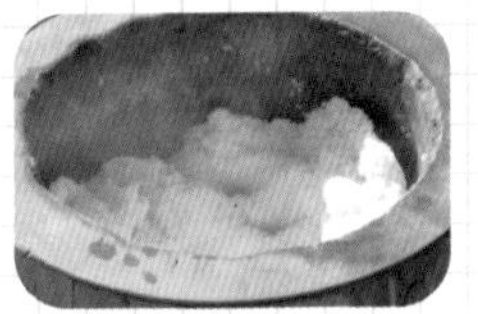

図①：氷はつきたてのお餅のように外側へゆっくり流れていく

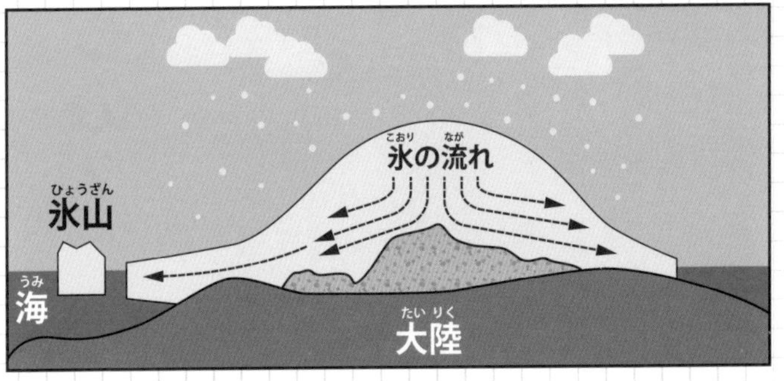

カナックの氷河の塊から流れ出した氷山

03 雨が雪に変わると、なぜ真っ白に見えるの？

雪は、小さな氷の粒の集まりです。それなら、雪も氷と同じ透明な色をしていてもおかしくないですよね。しかし、雪は透明ではなく白色です。なぜだと思いますか？

実は、**光の反射**が関係しているのです。水や氷は、表面だけでしか光を反射しません。表面で反射されなかった光は、水の中をどんどん進んでいきます。だからこそ、水槽の中の魚を見ることができるのです。

一方、**小さい氷の粒が集まってできた雪は、光をたくさん反射**します。

スキー場でサングラスやゴーグルをするのは、雪が光を反射してまぶしいからです。

ひとつの氷粒だけでは表面が小さいため、反射される光はわずかですが、雪の中にはたくさんの氷粒があるため、一つひとつが少しずつ光を反射することで、結果的に多くの光を反射し、私たちには白くに見えるというわけです。

かき氷が白くみえるのも、同じような理由になります。

雪が白く見えるのは……

雪は下図のように小さな氷の粒と空気の集まりです。光は一つ一つの氷の粒に当たっては、反射と透過と屈折を繰り返します。結果、雪は多くの光を反射するのです。

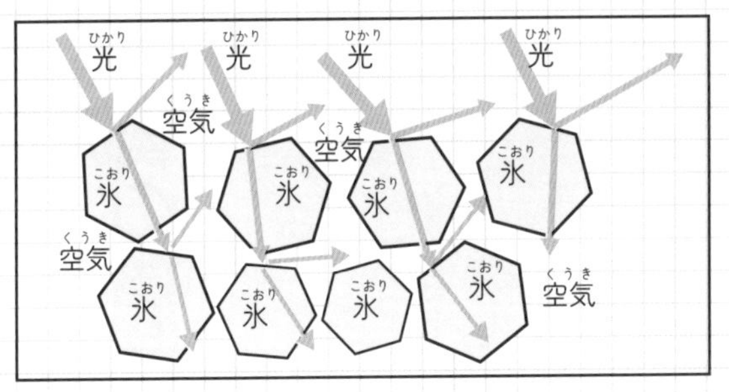

雪の粒子の大きさを測定している様子

氷河の氷は透明ですが、写真のように青く見えます。これは、光が透明な氷の中を透過や反射を繰り返して進むとき、赤い光は吸収され、青い光は吸収されずに残るためです。

海氷がとける一番の原因はなに？

海が凍ってできた氷、いわゆる海氷は、夏の間にその多くがとけてしまいます。

僕が通うグリーンランドでも、**夏の海氷が少なくなっており**、2012年9月に衛星観測から見た北極海の海氷面積は、過去最小を記録しました。これも地球温暖化が原因の一つなのですが、実は前のページで説明した、『雪は光をたくさん反射する』ことが大きく影響しています。

つまり、海氷が雪で覆われていると、太陽からの光を雪が跳ね返してくれるため、海氷はもちろん海も温まりにくくなります。

しかし、**雪に覆われていない海氷は、太陽の光が直接、氷や海に当たるため、太陽の影響を受けやすい**のです。結果、じわじわと海氷がとけてしまうというわけです。

冬の北極では、海が凍ることで『氷の道』(49ページ参照)ができ、ヘリコプターでしか行けないような場所にも、犬ぞりで移動できるようになります。海氷は、現地の生活にとって非常に大切な道路になるのです。

グリーンランド カナックの海氷の様子
夏になると表面の雪がとけて、海氷上に水たまり(メルトポンド)ができる

太陽の光（日射）の反射率の目安

雲は気象状況によって、大きく変わります。

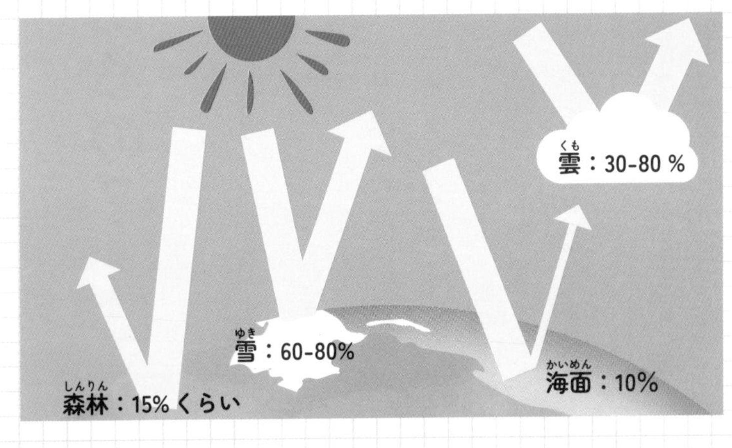

05

たくさん反射する雪とあまり反射しない雪があるの？

パウダースノーと呼ばれるサラサラな粉雪の場合、80%くらいの光を反射します。

しかし、**ざらめ雪**と呼ばれる水分を含んだ大きな粒の雪だと、70%くらいの光しか反射しません。言い換えると、パウダースノーでは100のうち20の光しか吸収されないのに対し、ざらめ雪だと100のうち30の光を吸収することになるため、1・5倍も光の影響を受けることになるのです。

温暖化が進み、北極や南極の雪がとけ始めると、反射の少ないざらめ状の雪になってしまいます。結果、より多くの光を雪が吸収するため、とけやすくなるのです。

しかも氷河や氷床の上に積もった雪がとけてなくなると、雪の下に隠れていた氷が顔を出します。氷は雪よりも光を吸収するため、今度はこの氷がとけ始めてしまうのです。

氷は雪よりも光を反射しないと34ページで説明しましたが、実際は雪の半分くらいしか光を反射してくれません。

つまり、**氷河や氷床がとけないように、雪が太陽の光から守ってくれているのです。**

光をたくさん反射するサラサラな粉雪

光をあまり反射しない水分を含んだざらめ雪

06

同じ自然の氷でもできた場所でとけやすさは変わるの？

氷は、降り積もった雪が、自身の重さで押されることでできることは、32ページで説明しましたが、南極氷床には、４０００メートル以上もの厚い氷の場所があります。一方、グリーンランド氷床の厚さは平均で１７００メートルと薄いため、南極の氷の方がより重い力で押されて作られているのです。このため、**南極の氷の気泡は小さくて量が多くなる**のです。

夏にとけた氷が、冬に再び凍った場合、気泡は大きくて量が少なくなるため、光の反射が少なくてとけやすい氷になります。

実は反射しやすい氷ほど、太陽の光を吸収する量が少なくなるため、とけにくくなります。

一般的に、氷に当たった光は半分が反射し、残りの半分が吸収されます。しかし、同じ氷でも中に含まれる**気泡（空気の塊）が小さくて量が多くなればなるほど、より光を反射する**のです。たとえば、グリーンランド氷床の氷面と南極氷床の氷面では、南極氷床の氷面の方が、気泡が小さくて量が多いため、とけにくかったりします。

グリーンランドのラッセル氷河の氷
南極氷床の氷に比べると反射が小さい

氷床の末端部分が氷河となって凍った海へと崩落している様子（南極にて）

07 北極の海氷がとけて、縮小し続けているって本当なの？

本当です。
たとえば、海氷面積が少なくなる夏の9月で見ると、ここ30年間で約20％の海氷が減少しています。しかも、２０５０年頃の夏には「北極海の海氷がなくなる」と予測されているほどです。
これは、昔からある『**多年氷**』と呼ばれる2年以上経過した氷がとけてしまうからです。逆に、『**季節海氷**』と呼ばれる冬にできる海氷は、多年氷の面積が小さくなった分だけ、拡大しているのです。

実はこれが、地球環境に大きな影響を与えています。
夏の間だけでも氷がなくなってしまうと、太陽の光が氷で反射されず海に直接吸収されるため、水温が上昇してしまうのです。
また、冬になると季節海氷からより濃くなった塩分が発生して空気中に舞い、雲を作ったり、オゾンを破壊したりします。
そのため北極の氷が完全になくなると、**地球全体の温暖化が2倍のスピードで加速する**と言われています。

シオラパルク村の前のフィヨルドの薄い海氷に立つ
（氷が流れ、再び凍り始めたばかりの海氷）

海氷の厚さを観測するために、ドリルで海氷に穴を開ける

08

表面が黒や灰色の氷河があるって本当？

氷の表面に、『**雪氷微生物**』という目にみえないくらいの小さな生き物が繁殖してしまうと、氷の表面が黒や灰色っぽくなります。氷の表面にカビが生えているようなイメージをするとわかりやすいと思います。

実は、温暖化により雪氷微生物が増えて、黒い氷の面積がどんどん広がっているのです。では、どうして雪氷微生物が増えてしまったのでしょうか？

雪氷微生物が生きていくためには、**水と太陽の光と栄養**が必要になります。

北極の冬は極夜といって太陽が昇らず寒いため、水と太陽の光がありません。そのためこの期間は、微生物も休眠状態になります。

しかし、白夜といって一日中太陽が沈まない北極の夏は、温暖化でより氷がとけやすくなり、微生物が活動しやすくなります。

しかも、栄養は風が運んできたり、氷の中にとけ込んでいたりします。

雪氷微生物が増えて黒っぽい氷の範囲が広がると、**太陽の光を吸収しやすくなる**ため、とけやすい氷の範囲も広がるのです。

雪氷微生物を含む堆積物によって黒色や灰色になっているグリーンランド・カナック氷河

いろいろな色に見える理由

色には光の反射が関係しています。

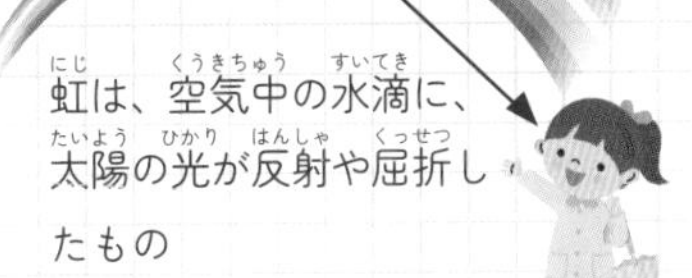

太陽の光には、いろいろな色の光が含まれている

虹は、空気中の水滴に、太陽の光が反射や屈折したもの

黒は光を吸収するため、熱も吸収することになる

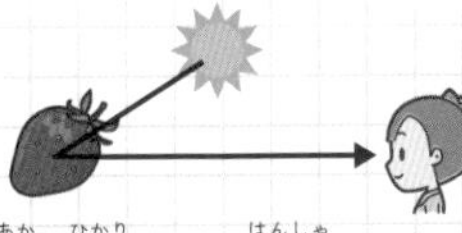

赤い光だけを反射するものは赤く見える

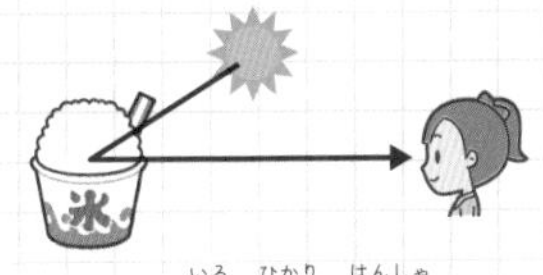

すべての色の光を反射するものは白く見える。逆にいうと白いものは光を反射する

光を反射せず、吸収してしまうものは黒く見える

すべてのモノから赤外線が出てるって本当？

赤外線は、地面や海面だけでなく、身のまわりのすべてのモノから出ています。目で見ることができないため確認するのは難しいですが、熱をよく伝える性質があり**『熱線』**とも呼ばれています。ストーブが温かく感じるのは、この赤外線の性質によるものです。

一方、太陽から地球に届く光のことを**『日射』**と言います。

日射の一部は、雲や空気、大気中のごく小さな**チリ（エアロゾル）**などによって、そのまま宇宙に反射されます。さらに地面や海面などに届いた日射の一部も、雪や氷といった地面からの反射で宇宙に戻されます（37ページ参照）。

反射されなかった日射は、地面や海面、大気を温めます。すると、そこから赤外線が放出されます。これにより、地球は温度を一定に保っているのです。

エアコンで部屋を暖め続けても、自動で暑さを調整してくれるので暑くなりすぎること

地球は赤外線を出すことで温度を一定に保っている

雲は日射を反射し、赤外線を吸収しています。このように地面から放出された赤外線の多くは、空気や雲で吸収されます。

しかし、赤外線を吸収して温められた温室効果ガスや雲からも、赤外線は放出されるため、最終的にはすべてが宇宙に放出されます。

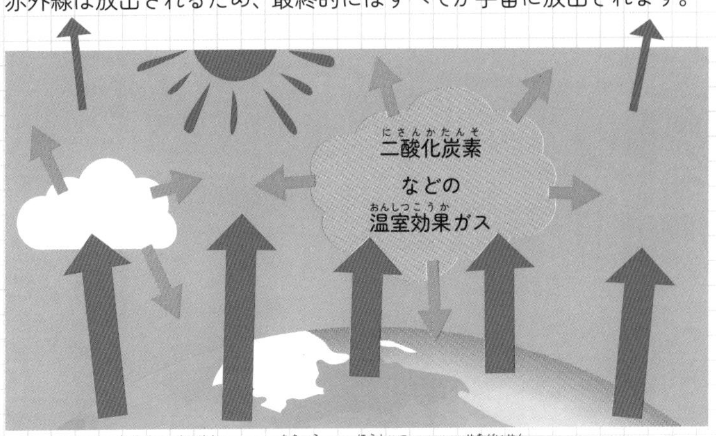

地面や海面などの地球から放出される赤外線

雲や温室効果ガスなどから放出される赤外線

はありませんよね。しかし、太陽はエアコンのように日射量を調整できないため、暖まりすぎた熱を外に逃がしてあげる必要があるのです。

このように、**赤外線の放出は温度を一定に保つために大切**なのですが、大気中に二酸化炭素などがあると、地表から出てきた赤外線を吸収して、一部を地表に戻してしまうのです。つまり、二酸化炭素などが増えれば増えるほど、地表や海面、大気の気温が高くなるというわけです。

この仕組みのことを『**温室効果**』といい、温室効果を引き起こす二酸化炭素などのことを『**温室効果ガス**』と呼びます。

10 気温だけでなく海にも温暖化があるの？

『温暖化＝気温の上昇』と思われがちですが、実は、海水温の上昇など、**海の温暖化**が大きな問題になっています。

驚いたことに、気温が上昇したことで地球にたまった熱の多くは、海が吸収しているのです。

僕がグリーンランドで犬ぞりを走らせる主な場所は、氷河や海氷の上になります。

ここ数年は、**温暖化の影響で12月にならないと海が凍らない**ため、なかなか犬ぞりで走ることができません。

せっかく凍っても、強風などで海氷がすべて沖に流されてしまうこともあります。

日本でも近年、記録的な豪雨による水害が起きていますが、これは**海水温の上昇が原因**ではないかと言われています。

海水温が高くなると蒸発する水蒸気が増えるため、大雨になりやすく災害が増える危険があるのです。

犬ぞりが走る氷の道

犬ぞりで観測地点に到着

海水って温まると量が増えるって本当なの？

身の回りの全てのモノは、原子や分子と呼ばれる小さな粒が集まってできています。温まるとその粒が大きく動くため、粒と粒の間が広がります。結果、量が増えたように見えるのですが、粒と粒の間が広がっただけなので重さは変わりません。

量が増えたというよりは、温まったことで膨らんだのです。

実は、この現象が環境問題に大きく関わっています。

地球温暖化により海面の高さが上昇するとお話しましたが、**一番の原因は気温が上昇したことで、温まった海水が膨らむため**です。

実際、1901～2018年の約100年間に**海面は約20㌢も上昇**しました。

将来、海に沈む可能性が高いと言われているツバルという国では、すでにニュージーランドなど隣国への移住が始まっています。

ツバルではこの状況を「環境難民」と訴えています。

温暖化による海面上昇で、「世界で一番最初になくなる国」といわれているツバル

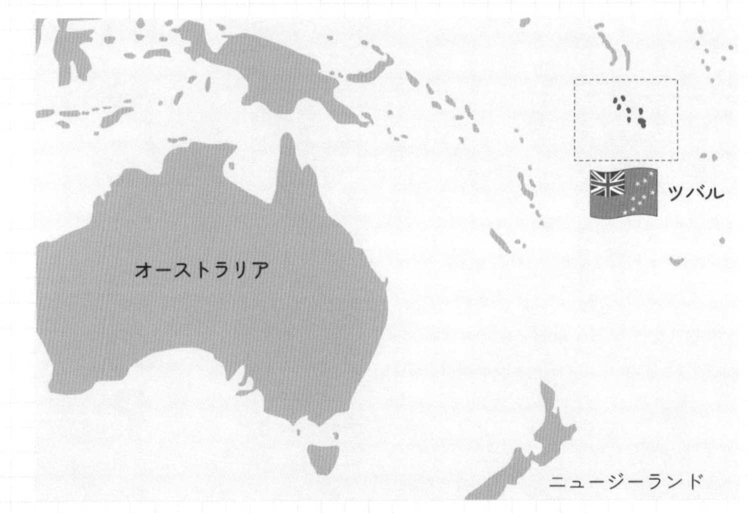

12 グリーンランドで行う観測活動は日本で何の役に立つの？

地球上にある氷の約90％が南極で、残りはほぼグリーンランドにあります。

グリーンランド氷床の氷の割合は、地球全体で見れば9％ほどですが、**氷がとけるスピードは、南極の2倍**ほど速く進んでいます。

たとえば、グリーンランドの氷河や氷床がすべてとけて水になると、**海面が約7ﾒｰﾄﾙも上昇**すると言われています。

すべてとけなくても、現在のスピードでとけた水が海に流れ込み、海の温度が上昇して海水が膨張すると、2100年までに日本の海面も43ｾﾝﾁ（温暖化対策をした場合）〜84ｾﾝﾁ（温暖化対策をしない場合）上昇すると予想されています。そうなると、東京でも広い範囲が海の下に沈むことになるのです。

そこで、安全な高さの防波堤が求められるわけですが、海面の高さを予測するには、**地球温暖化の影響が目立つ北極**を調べ、地球や日本の未来の状態を正確に知る必要があります。つまり、グリーンランドなどでの観測活動に基づいた研究が役に立つのです。

自動気象観測装置を設置している様子

13

海氷上にお花畑のような氷の結晶が広がるって本当？

これは、薄い氷の表面において、水蒸気が冷たい空気に触れることで凍る現象で、氷の花のように見えることから、**『フロストフラワー』**と呼ばれています。また、一面に広がる氷上のお花畑のようでもあり、『霜の花』や『冬の華』とも呼ばれます。

海氷上では塩分が3倍くらい濃縮するため、かなりショッパイ霜の花になります。

北極だけに限らず、冬の阿寒湖などでも見ることができますが、風が吹けば飛ばされ、雪が降れば埋もれてしまうため、日本では『奇跡の花』と表現されることもあります。

薄い氷の上にしかできませんが、温暖化により薄い氷の割合が増えている北極海では、**フロストフラワーのできる範囲が広がっている**可能性があります。

可憐でキレイなフロストフラワーですが、飛び散ることで塩分を空気中に放出することがわかっています。

シオラパルク周辺の海氷上にできるフロストフラワーを観測するために、研究者と一緒に犬ぞりでまわったこともあります。

再凍結（さいとうけつ）した海氷上（かいひょうじょう）にできたフロストフラワー

海氷（かいひょう）をくりぬいて、フロストフラワーを作る（つくる）実験（じっけん）（写真左（しゃしんひだり））。気温（きおん）がマイナス29〜30℃の場合（ばあい）、半日（はんにち）くらいでフロストフラワーが現れる（あらわれる）（写真右（しゃしんみぎ））。

14

北極ではどんなことを調べているの？

北極では、気温、湿度、気圧、風向や風速などの基本的な気象情報はもちろんですが、大気中にエアロゾルがどれくらいあるかについても調べています。

エアロゾルとは、目に見えないほど小さなチリのことで、砂漠からは黄砂、海の表面からは海塩粒子が発生しています。もちろんこれら自然に発生したモノだけではなく、排ガスなど私たちの生活により発生したモノもあります。ニュースなどで耳にするPM2・5は、直径が2・5μm（マイクロメートル）以下のエアロゾルのことをいいます。

そしてこの小さな**エアロゾルが、地球の気候変動に大きく影響しているの**です。

ひとつは、エアロゾルが作る雲です。雲は太陽の光を反射する働きがあるため、地表面に届く日射の量を減らし地球の温度を下げてしまいます。もうひとつは、排ガスや森林火災で発生したエアロゾルの『すす』です。

黒いすすが風に運ばれて雪に付着すると、その部分は太陽光の熱を吸収するため、雪がとけやすくなるのです。

1μm ＝ 0.001mm（1mmの1000分の1）

エアロゾルによる健康被害

エアロゾルが雲を作り、地球の温度を下げる効果があるのなら、温暖化対策になるのでは？　と、思うかもしれませんが、エアロゾル粒子が体の中に入ると、感染症やアレルギー、花粉症などの原因になります。特にPM 2.5は粒子が小さいため、肺の奥深くまで入り込み、ぜんそくなどの病気を引き起こすのです。PM 2.5などによる大気汚染で、アジアやアフリカを中心に年間約700万人が死亡していると、世界保健機関（WHO）は推測しています。

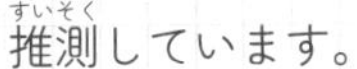

気象観測中

エアロゾルには塩分も含まれているって本当？

本当です。たとえば、波しぶきなどがあると、細かい水滴が海面から空気中に放出されます。その水滴に日が当たり水分が少なくなり、空気中に湿った塩分が残るのです。

しかも塩分は、海が海氷でふさがれている部分からも放出されることがわかっています。ちょっと不思議ですよね。

グリーンランドには、夏の間は海で、冬になると凍って海氷になる**『季節海氷域』**があります。

日本では、北海道の知床が有名です。

季節海氷域では、海が凍って海氷になる過程で、氷の表面に濃縮された塩分がたまり、それが風によって空気中に舞うのです。

エアロゾルは雲を作ることで、日傘のように太陽光をさえぎります。これは塩分も同様ですが、塩分にはもうひとつ、光に当たると変化し、**大気中のオゾンを破壊してしまう物質を放出**します。

オゾンにはいろいろな役割があり、上空のオゾンは太陽からの有害な紫外線を吸収し、生物を守る役割をしています。

シオラパルク近くの海氷上で採取された海塩粒子（エアロゾル粒子）

再凍結した海氷上に発生したフロストフラワーがある場所でのエアロゾル観測の様子。粒子の大きさや数を測ったり、サンプルを集めたりしている

16 氷床にはタイムカプセルが埋まってるの？

32ページで、氷床の氷は降った雪が何年もとけずに積もり、自身の重さで押しつぶされて塊になったと説明しました。

このように南極や北極の高地に降った雪は夏でもとけないため、氷床には雪からできた氷や気泡（空気の塊）が残り続け、これらと一緒に**エアロゾルなども冷凍保存されています。**これが、氷床の氷が『地球のタイムカプセル』と呼ばれている理由です。なんと、数万年から数十万年前の空気やエアロゾルなどの物質を得ることができるのです。

ただ、雪は上から降り積もるため、地層のように**下へいくほど古い氷**ということになります。つまり、より古い空気やエアロゾルを含んだ氷を手に入れるには、少しでも深く氷床を掘る必要があるということです。

実際、南極では深さ約3000㍍に挑み、専用の掘削機を使うことで、およそ80万年前の氷を採取することに成功しています。

また、氷床から取り出された筒状の氷のことを『**氷床コア**』または『**アイスコア**』と呼んでいます。

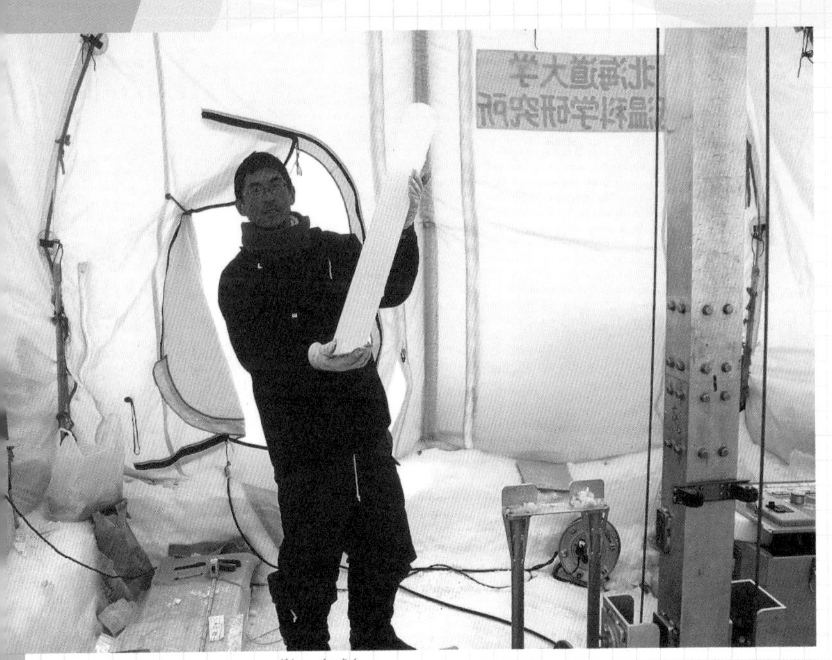

カナダ・ローガン山で掘削したアイスコア

アイスコアの融解再凍結氷層（一度とけて再び凍った氷の層）

17

氷床コアは、掘った深さで透明度が変わるの？

氷床コアは、氷床の深い場所から掘り出したものほど、透明度が高くなります。

深さ100メートルまでの氷床コアは、雪が降ったときの空気を大量に含んでいるため、雪と同じ**白色**にみえます。

しかし、100メートルから1000メートルの深さになると、氷床の重さで空気が押され、空気の泡が小さくなっていくため、**白色から透明**に変わっていきます。

そして、1000メートル以上にもなると、今度は気泡が氷の中で固体（結晶＝クラスレート・ハイドレート）に変化するため、**ガラスのような透明な氷**になるのです。

ちなみに、氷床コアの年代を知る方法のひとつに、火山活動があります。

たとえば、ある年代に大規模な火山の噴火があれば、すすなどを含んだガスが南極上空にまで飛んできて、雪にまじって降ってきます。それが氷の中に冷凍保存されるため、年代を知る手掛かりのひとつになるのです。

カナダ・ローガン山でアイスコアの掘削作業中

氷床コアからどんなことがわかったの？

南極の氷床コアからは、約10万年ごとに**地球は寒冷な時代（氷期）と温暖な時代（間氷期）を繰り返す**ことがわかりました。

地球は太陽の周りを回っていますが、その軌道の形や自転する地球の軸の傾きが変化するため、太陽に接近するときの季節が10万年ごとぐらいに変わってしまいます（ミランコビッチサイクル）。これが気候にも影響していると考えられています。

一方、北極の氷床コアからは、**10万年前から現在までの間に25回以上の急激な気候変動があった**ことがわかっています。

このように氷床コアには、過去の気候や環境を知ることができる貴重な情報が詰まっています。

特に南極と北極の氷床コアのデータを一緒に研究することで、地球規模での気候変動の仕組みが、より明らかになるのです。

ミランコビッチサイクル

太陽の周りをまわる地球の軌道の形は楕円（下図の赤線）で、『より楕円のとき（実線）→円の軌道に近いとき（点線）→より楕円のとき』のサイクルを、10万年ごとに繰り返しています。

また、地軸と呼ばれる自転する地球の軸の傾き（青線）についても、数万年ごとに変化しています。さらに、地軸が傾いている方向（緑線）も周期的に変化しており、時計回りにゆっくりと回転しています（歳差運動）。

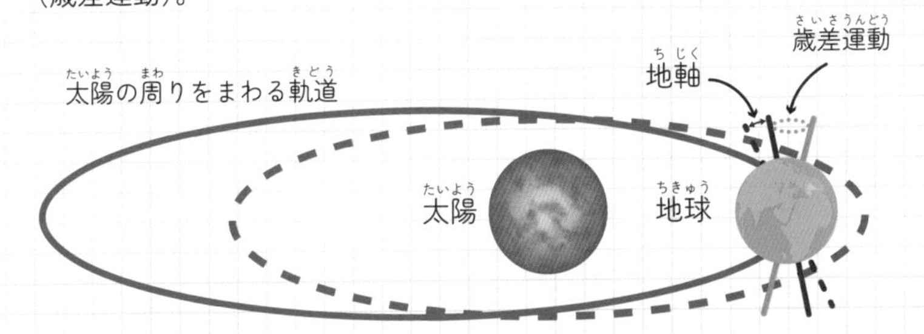

グリーンランド氷床で掘削されたアイスコア

観測データはどのように集めているの？

いくつかありますが、そのひとつに**自動気象観測装置**があります。

たとえばグリーンランド氷床では、世界の国々が設置した自動気象観測装置のデータを共有しています。

日本もグリーンランド北西部に2か所設置しており、気圧、雪の温度、雪面から3メートルと6メートルの高さの気温・湿度・風向・風速、氷床の氷面が太陽から受けるエネルギーと反射するエネルギーを測定しています。

しかもそれら観測データは、**アルゴス衛星通信**という地球環境のデータを集める専用の衛星を使って日本に送っています。

また、グリーンランドは広大なため、**人工衛星による観測**も行っています。

実際にその場所へ行くことなくデータを集めることができるため、広範囲の自然現象の観測に役立っています。

シオラパルク村に設置されている自動気象観測装置

もちろん**現地での観測**も重要で、僕の場合は犬ぞりを使って気象や海氷の観測データの収集を独自に行っています。

具体的には、グリーンランド北部にあるシオラパルク村の周辺に観測点を設け、海氷の厚さ、海氷上の雪の深さ、温度、気象などの項目を、研究者の方たちに相談しながら観測しています。

ちなみに自動気象観測装置は、僕がいるシオラパルク村にも設置されています。

こちらはアルゴス衛星通信を使って自動で日本にデータを送るのではなく、僕がパソコンでデータを回収し、日本の研究者の方たちに送っています。

20

一年後の冬が暖冬かわからないって本当なの？

環境省の発表によると、世界の平均気温は、今後の20年間ほどで、**0・4℃上昇する**と予測されています。

しかし、地球温暖化といえども、みなさんの住んでいる街の気温が毎年一定の割合で上昇するわけではないため、一年後の正確な気温の予測は難しくなります。

実際、2012年にグリーンランドで行われた現地観測のときは暖かく、断熱マットの上に張ったテントの周囲の氷だけが3週間ほどで30チセンもとけてしまうことがありました。断熱マットのお陰でテントの下はとけなかったのですが、それほど暖かい年だったのです。しかし、翌年は例年になく冷え込み、凍傷で病院に運ばれた研究者もいました。

このように一年後となると、大気の変動範囲が広がるため、簡単には予測できません。

ただ一方で、20年後や百年後の地球の気候状態になると、温室効果ガスやエアロゾルなどの変化を仮定してコンピュータで計算すれば、予想できるのです。

観測キャンプの様子

気温が高かったためテントの周りの雪がとけはじめている
（2012年夏、グリーンランドの現地観測にて）

21

二酸化炭素は地球温暖化の原因だけでなく海にも悪いの？

実は、二酸化炭素が原因で起こる**『海洋酸性化』**が社会問題になっています。

海洋酸性化とは、もともとアルカリ性の海に、空気中の二酸化炭素が大量に溶け込むことで、酸性に近づいてしまう現象です。

アルカリ性と酸性については左のページで説明しますが、海が酸性に近づくと、炭酸カルシウムで殻を作るプランクトン、有孔虫、サンゴ、貝類（カキ、ホタテなど）、甲殻類（エビ、カニなど）の成長や繁殖を妨げてしまうのです。

また、二酸化炭素は海水の温度が冷たいほど、より多く溶け込むため、**北へ行くほど海洋酸性化が進む**ことになります。

このままだと、「将来、お寿司のネタがなくなる！」と言われています。

さらに、地球温暖化で海水の温度が上がりすぎると、暖かい地域に生息するサンゴの死滅の原因でもある**『白化現象』**が起こるため、生息地が北へ広がりつつあると言われています。いまや、サンゴや魚介類にとって、海はすみにくい場所になっているのです。

海洋酸性化が進む理由

工場や発電所、トラックや車から排出される二酸化炭素が大きな原因。

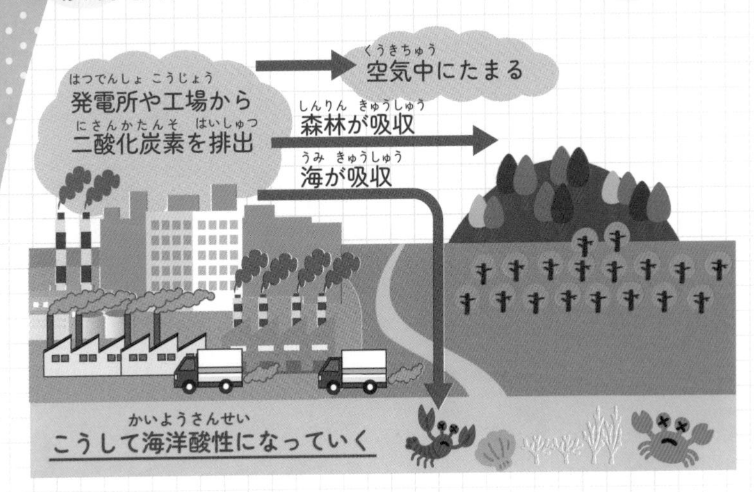

酸性とアルカリ性

何も混ざっていない純粋な水に何かをとかしたとき、レモン汁やお酢のような酸っぱいものを混ぜると酸性になります。

一方、石鹸をとかすとアルカリ性になります。何も混ざっていない純粋な水は、そのどちらでもない中性になります。酸性、アルカリ性、中性を調べるには、リトマス紙やBTB溶液などを使います。

サンゴの白化現象

サンゴは褐虫藻と呼ばれる藻が体に付着している（写真左）と、生きることができます。白化現象は、サンゴから褐虫藻がいなくなり、サンゴの白い骨格が透けて見える現象（写真右）になります。

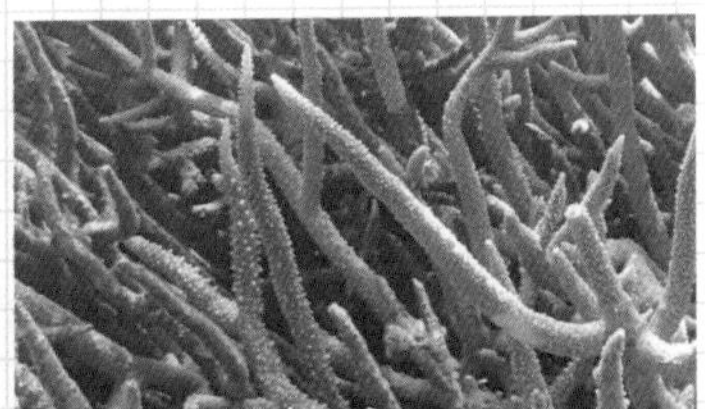

22

北極にすむ生物にも温暖化による影響はあるの？

この質問については、実際に僕が北極で生活をしていて感じたことや、地元の人たちから聞いた話を中心にお答えします。

海の温暖化の影響で、暖かい地域に生息する魚が北へ北へと移動しているため、日本でも**獲れる魚の種類や地域が変わってきた**というニュースを耳にしたことはありませんか？

実は、北極でも10年ぐらい前からこの変化が起こっています。

実際に現地の漁師さんからは、いままで獲れなかった魚が獲れるようになったという話を聞いたことがあります。

魚以外だと、**セイウチの獲れる時期も変わってきた**ようです。

夏の間は、より北の地域に生息しているセイウチですが、海が凍り始めると南に移動してきます。

シオラパルク村では、その時期にセイウチを捕獲しているのですが、近年海が凍る時期が遅くなっているため、セイウチが現れる時期も遅くなったと話していました。

セイウチ（キバが特徴）

セイウチ猟の様子

23 標高の高い所にはシロクマはいないって本当？

ホッキョクグマことシロクマは、地上最大の肉食動物で、体長は2〜3㍍もあります。主に海氷上で生活しており、カナダの島々を中心に、北極海を取り囲むように生息しています。

そんなシロクマが、グリーンランドの国際氷床掘削プロジェクト『EGRIP』が行われている**標高2700㍍もの内陸に現れた**ことがあるのです。

EGRIPは、日本やデンマーク、アメリカ、ドイツ、フランス、ノルウェーなど12カ国の研究者や技術者が、**氷床コアを掘ることで、減少していくグリーンランド氷床の謎を解明しているプロジェクト**です。

2015年からスタートし、最終的には2670㍍の氷の底まで到達しました。

ちなみにシロクマは、絶滅の危機にある動植物の『レッドリスト』に載っており、減少が叫ばれている動物でもあります。

Photo: East Greenland Ice-core Project, www.eastgrip.org.
EGRIP traverse camp on the ridge with Twin Otter aeroplan

国際氷床掘削プロジェクトの基地

Photo: East Greenland Ice-core Project, www.eastgrip.org.
TRENCH BALLONS AND THE UPRIGHT ACCESS-HOLE BALLOON IN THE BACKGROUND

掘削作業の様子

掘削場所と氷床コア貯蔵庫との運搬用トンネル

Photo: East Greenland Ice-core Project, www.eastgrip.org.
A LOOK FROM WHERE THE DRILL TRENCH MEETS THE TUNNEL CONNECTING THE DRILL TRENCH WITH THE ICE CORE STORAGE.

観測中にシロクマと遭遇したらどうするの？

　僕の犬ぞり犬は、グリーンランドの狩猟犬として使われている犬種のため、シロクマのニオイを敏感に察知してくれます。
　そのため、観測で寝泊まりするときは、**テントの周りを囲むように犬たちをつないでいます**。しかも、身を守るためのライフル銃を近くに置いておきます。
　北極では、人の住むところにもシロクマが現れることがあり、中には**襲われて食べられてしまった**という話も耳にするからです。
　最近は日本でも『熊が民家までやってきて人を襲った』と、ニュースになっていますが、以前に僕が拠点にしていたカナダのレゾリュートの町でも、しょっちゅうシロクマが現れていました。
　実際に僕もシロクマと出くわしたことがあります。
　そのときは、犬たちに気づいたシロクマが、こちらに突進してきたから、かなり焦りました。しかも4頭の犬ぞり犬たちは、逃げ

北極カナダの町レゾリュートの近くで見つかったシロクマの足跡

るどころかシロクマに立ち向かっていくため、最後の手段として、僕はライフル銃を取り出すと、空に向かって一発撃ちました。

シロクマの保護活動をしているカナダでは、シロクマを撃つことはできません。そのことを知ってか、シロクマは逃げることなく犬たちと7メートルほどの距離を隔てて、にらみ合っていました。

そこで僕は、もう一発だけライフル銃を空に向かって撃ちました。すると、ようやくシロクマはお尻を向けて去っていったのです。

レゾリュートでは、**町のゴミをあさりにシロクマが度々やってくる**ようです。

ちなみにこのときは、23日間の犬ぞり旅行中に、5回もシロクマに遭遇しました！

25

北極でもスノーモービルが増えてるの？

カナダのレゾリュートの町では、いまや**スノーモービルが人々の移動手段**です。

そして、グリーンランドでもスノーモービルが増えてきました。漁師がオヒョウ漁をするために購入し、それが交通手段としても使われるようになったのです。

実はスノーモービルにはルールがあり、シロクマやセイウチといった猟には使用できなかったり、走ってもいい場所が細かく決められていたりします。

シオラパルク村の周辺では、シオラパルク村とカナック村とを結ぶ海氷上の道と、オヒョウが獲れるカナック村のフィヨルド内のみになります。

スノーモービルが増えてきた理由の一つに、犬ぞり犬に育てるには訓練が必要になることと、**維持費がかかる**ことがあげられます。

1～2頭の犬を飼うこととは違い、犬ぞりには10頭以上の犬が必要になります。エサ代

北極でソリを引くスノーモービル（写真上）

フィヨルド：氷河の浸食作用によって作られた複雑な地形の入り江（写真左）

もドッグフードにかなりの金額がかかりますし、アザラシやセイウチをエサにするにしても多くの獲物を狩る必要があります。

僕は犬ぞりチームのエサとして、**寒冷地用**のドッグフードを3トン、デンマークから船で運んでいます。日本で売られている一般的なドッグフードが1袋1kgなので、3000袋分になります。走り続ける犬ぞり犬は、体力を使うのでお腹も空くわけです。

しかも、寒い地にいると**体を温めるだけでエネルギーを消耗**するので、値段は高くなりますが、より栄養が詰まった寒冷地用のドッグフードを購入しています。

僕も北極に来ると体重がどっと減るため『北極ダイエット』と呼んでいます。

26

なぜスノーモービルを使わず犬ぞりで観測しているの？

グリーンランドのシオラパルク村には、レンタカー屋さんがありません。そのため、スノーモービルを所有している現地の人にお願いして借りるしかないのですが、彼らも普段の生活で足として使っているため、なかなか借りられないのが現状です。

ただ僕が見る限り、「怖くて借りられない」というのが正直な感想になります。

もし、周りに誰もいない海氷や氷河の上で、スノーモービルが壊れて動かなくなったときのことを想像してみてください。

村の近くなら誰かに助けを求められますが、そうでない場合、北極では命を落とす危険もあるのです。

ですから、自分で修理ができないのであれば、借りない方が身のためです。

その点、犬ぞりは途中で壊れる心配がありません。たとえ一頭が怪我をしたとしても、他の犬たちがいるので問題ないのです。

それに加え、**犬ぞりは排ガスを出さない**ため、環境にもやさしいというわけです。

犬ぞり犬たちにエサを与えている様子

犬ぞりで観測に向かう様子

27

犬ぞり犬でもトレーニングは必要なの？

本格的な犬ぞり走行は3月に入ってからですが、僕は毎年11月には北極に入り、現地での生活をスタートしています。

これは、**犬たちの走行トレーニング**が主な目的です。夏の間、犬たちはまったく走っていないため、少しずつ走らせて筋力と体力を戻してあげる必要があるのです。

グリーンランドのイヌイットの人たちから教わった方法ですが、まずは4～5頭でチームを組み、何も積んでいない空のそりを走らせるところから始めます。

もう一つは、**犬たちの上下関係を確立**するためです。夏の間は、一匹ずつ離してリードに繋いでいるため、犬たちに上下関係はありません。しかし、冬の間は常に集団で行動するため、新たな上下関係が作られることになります。この時期の若い犬は、ボス犬に闘いを挑むことがあります。そして、本格的な犬ぞりが始まる頃には、上下関係がはっきりするわけです。こうすることで、チームがまとまり、長い期間ケンカもせずに集団行動ができるようになるのです。

犬ぞりで氷河を案内している様子
犬ぞりチームに上下関係ができ、リーダー犬が隊列を先導している

子犬の犬ぞりトレーニングの様子

北極の環境調査に案内人が必要な理由を教えて！

北極には、**たくさんの危険が潜んでいる**からです。これは南極でも同じです。

僕は以前、第46次日本南極地域観測隊に「フィールドアシスタント」として参加したことがあります。

フィールドアシスタントは、野外装備の用意をしたり、氷河や海氷などの危険な場所で、研究者が安全に観測を行えるようにサポートする、いわゆる「極地の案内人」です。

たとえば、池の表面が凍っていたとして、上から見ただけでは氷の厚さはわかりませんよね。海氷もこれと同じで、安全に観測するには、氷の上に乗っても割れたりしないのか、誰かが判断する必要があるのです。

また氷河には、人がすっぽり落ちてしまうような裂け目（**クレバス**）もあります。研究者の方々が裂け目に落ちないように、安全に移動できるルートを決める（専門用語で『**ルート工作**』といいます）のも、僕の大事な仕事になります。

このように極地には、正しく見極めてくれる案内人が必要なのです。

クレバス

南極(なんきょく)でクレバスに落(お)ちたときに備(そな)えて訓練中(くんれんちゅう)

29

北極の案内人は通訳の仕事もしているの？

『できるだけ薄い海氷の上で調査がしたい』とか『海氷の割れ目の部分でサンプル収集したい』など、北極を訪れる研究者が観測に求める場所は実にさまざまです。

そこで、猟師さんなど現地の人たちから、そういう場所があったか**情報収集をすること**で、最適な場所を見つけて案内しています。

また、北極で観測キャンプの買い出しをするにしても、**研究者の方たちはイヌイット語がわからない**ため、僕の出番になります。

たとえば、燃料を用意するにしても、ガソリン、灯油、軽油を間違えることなく購入しないと、大惨事になってしまいます。

人が住んでいない南極では、山岳の経験があれば研究者をサポートできますが、北極ではイヌイットなど現地の人たちが生活しているため、**現地の風習はもちろんのこと、言葉が通じることが重要**になります。

イヌイット語で、「アニガー」は「月」、「ファ」は「〜のようなもの」を意味しますが、「アニガーファ」はなんでしょうか？

答えは、94ページにあります。

雪を掘って、断面を観測中

雪の重さを量っている様子

犬ぞり案内人としてボランティアで観測しているの？

もともとは植村直己さんの影響で極地に興味を持ち、北極圏に通っていました。失敗はしましたが、1996年3月には単独歩行で北極点に挑んだこともあります。

そして北極で活動していくうちに、**イヌイットに伝承されている文化を継承したい**と思うようになり、北極での移動手段に犬ぞりを使うことを決めました。そこからは、犬ぞりや狩猟技術を学ぶために、冬の半年間を毎年、グリーンランドで過ごしています。

もちろんすべて自己資金です。

ただ、毎年通っていると、数々の環境調査プロジェクトに呼ばれるようになります。そして、第46次日本南極地域観測隊に参加したことをきっかけに、小さくてもいいので、**民間のスポンサーで北極観測隊を作りたい**と思うようになりました。

その夢のために、犬ぞりで冒険するだけでなく、観測活動も行うようになりました。

シオラパルク村の周辺に観測点を設け、海氷の厚さ、海氷上の雪の深さ、温度、気象などの項目を独自に観測しています。

シオラパルク村周辺で観測している様子

これらもすべてボランティアでの活動になります。

日本で研究活動の資金を得るには、ある程度の期間で成果を上げることが求められます。ただ、僕のようなボランティアベースの観測であれば、成果を求められないため、**30年という長期間でも、地道に毎年のデータを積み重ねることができる**のです。

収集したデータやサンプルを、僕自身が分析することはできないので、研究者の方たちにお渡ししているのですが、自分のデータが環境問題を解決するためのお役に立てることは、この上ない喜びです。

最近では、研究者から自動気象計をお借りしたり、観測課題をいただいたりすることで、本格的なデータ収集も行っています。

なぜ南極には越冬のための基地が必要なの？

南極大陸はすべての大陸から4000㎞以上離れており（ドレーク海峡で隔てられた西南極大陸と南米大陸を除く）、冬季には沖合い1500〜2000㎞まで海氷域が張り出すため、いまだに**文明圏から孤立した大陸**になります。

そのため、南極で観測をするのであれば、電気や食べ物など全てのものを自分たちで用意しなければなりません。

たとえば、日本の南極観測隊の場合、30人が現地で生活しながら観測活動を一年間行うとすると、**500トンの燃料と30〜40トンの食料が必要**になります。

これは、南極観測船が南極に運ぶ荷物の半分に相当します。ちなみに南極基地では、孤立した場合に備え、約3年分の非常用燃料や食料を蓄えています。

このように、観測隊が南極で観測を行うには、**生活の拠点となる基地が必要**になるのです。また、基地には大規模な通信手段も設けられており、日本や他の国の基地との連絡を日常的に行っています。

ドームふじ基地

昭和基地からドームふじ基地の中間地点（中継点）に燃料を運ぶ雪上車

昭和基地

32

北極にも観測基地はあるの？

北極の観測基地は、大きく3つにわけることができます。

- 北極圏内の大陸や島に作る陸上基地
- 北極海の氷海に作る氷上基地
- 観測船を利用した基地

しかし大陸である南極と違い、大部分が海氷で覆われている北極の観測は、現在では**衛星観測や航空機観測が主流**となっています。

数十年前までは北極海を漂流する氷島(氷河から流れ出た氷)や大きな海氷盤に基地を作り、観測が行われていました。

最近では頑丈な観測船で、海氷域に砕氷侵入して、観測が行われています。

また北極域の陸地では、民間の航空便が一年を通じて利用できたり、人が住んでいるなど、南極圏とは大きく異なります。

ただ、僕の個人的な想いになりますが、若手の研究者が自由に使えて、現地の人とも交流ができる『北極基地』を、**北極点に近くて人が住んでいるシオラパルク村**に作りたいと願っています。

ニーオルスン基地：
1991年に国立極地研究所が、スバールバル諸島ニーオルスンに開設した北極観測拠点

北極にペンギンがいない理由

その昔、北極海にもペンギンはいた

鳥であるにもかかわらず、空は飛べずに泳ぎが得意というオオウミガラスのことを、人々はペンギンと呼んでいました。実はこちらが元祖ペンギンなのです。集団で生活し、食べ物は魚類やイカ類でした。

羽毛や油脂、食用に乱獲され、
1844年に絶滅してしまう

オオウミガラス

その後、オオウミガラスと似ている海鳥が南極で発見された

南半球を冒険した探検家たちが、南極で白黒の太って飛べない鳥を発見しました。オオウミガラスによく似ていたので「ペンギン」と名付けたのです。

86ージの答え：お金

漫画(まんが)で読(よ)む北極(ほっきょく)あるある

到着の儀式

ワンコとの再会

オフシーズンのワンコ

北極での知恵

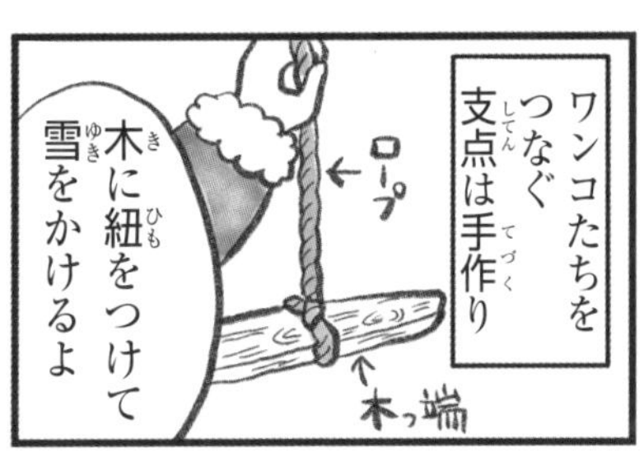

ブリザード

ブリザード：猛吹雪のこと

しぶとい雪

地吹雪後・・・

ブルン
ブルンッ

しっぽの雪がとれないワンコ

くるくる
くぅ～取れへん
かわいい♪

寒さ対策？

今日もブリザード・・・
ビュウウウ

ブリザード対策のワンコたち
体を丸くします

結構この体制あったかいのよね～♪

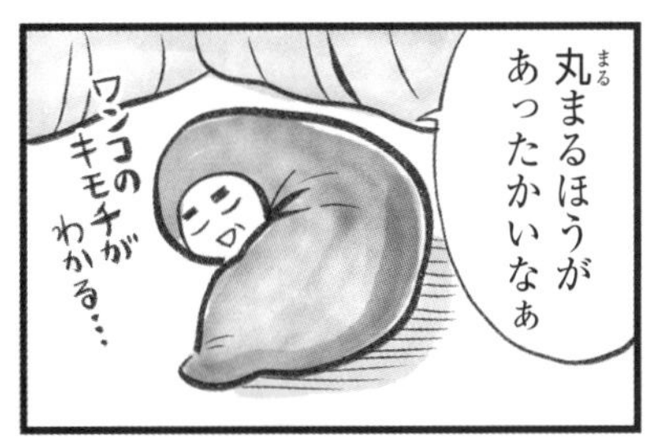
丸まるほうがあったかいなぁ
ワンコのキモチがわかる・・・

ひさびさの犬ぞり

水分補給

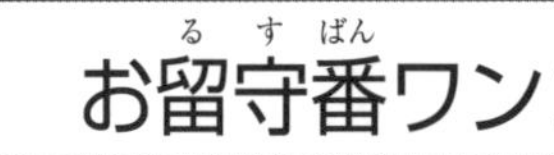
お留守番ワンコ

今日は短距離だから君と君と・・・
よっしゃ～！

ガ～ン
♪

ぼくたちも連れていけ～！
オー！

君たちみんな仕事熱心で感心するなぁ

ワンコの本音？

今日は君と君と・・・

じゃお留守番頼んだぞ～
ワン！ワン！
ぼくたちも連れていけ～

一応残念そうにしておかないとね
餌もらえないと困るしね
今日はゆっくり休めるぞ～♪

君たち、ほんとは行きたくないの知ってますよ～w
ツルテイケ～

ご主人置いてけぼり

居眠り運転

瞬時の技

犬ぞりの必需品

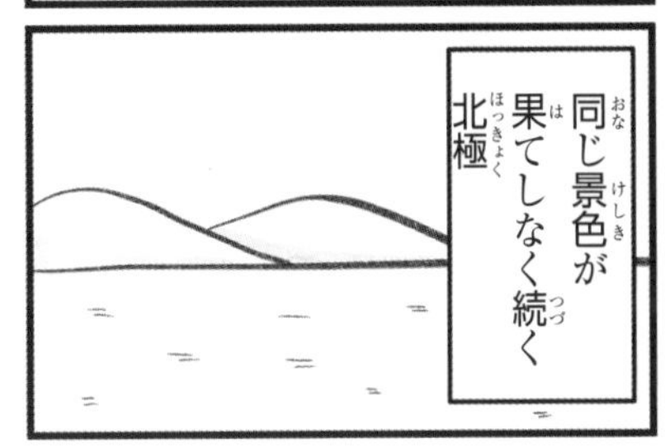

ボンボン

毛糸の帽子に
ついている
このボンボン

ただの飾りでは
ありません

フードを
かぶったときに
大活躍！

視界良好の
フードストッパー
なのです♪
ワンッ
すご～い♪

ふぁいと～

生後3カ月

成犬の遠吠え
ウォオ～ン
かっこええ♪

スクッ
ボクも！
あ
あ

キュ
キュ
キュオッ～ン
ゴホゴホ
自分も
こんな時代が
あったなぁ
ファイト～

犬ぞりデビュー

北極ではこれ！

極夜は画像も？

極夜中の幸せ

暗闇でも最強

犬ぞり中の機器充電

毎日のお客様

ナッデュット・ピットアイ 〜お誕生日おめでとう〜

50代の悲劇

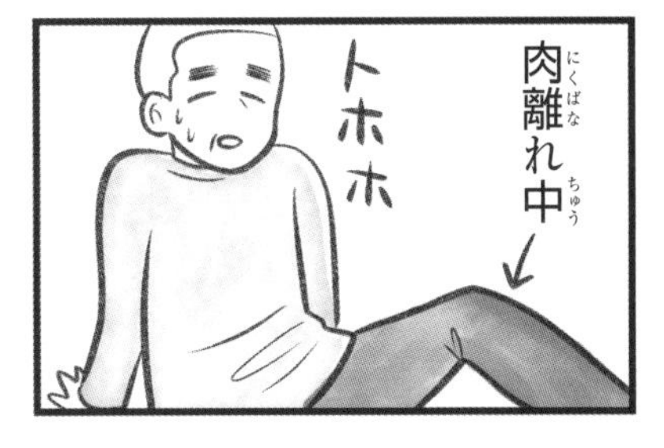

北極の神秘

極寒実験

マイナス40℃の北極で実験
カチコチのバナナで釘が打てるかな？
バナナ
釘

トン
トン
トン
トン
トン
おお～きてますきてます～

バキッ
わ～、バナナは割れたけど釘は打てたぁ～
！

実験成功～

ワンコの個性

ご飯の時間だよ～♪
ワンワンワン～♪

お上品
ぽりぽり
ワイルド
ガッガッ

あーあお行儀悪いぞぉ
ちらかしほーだい

ほんとに食べ方も個性がでるんだよね～（笑）

実は大物？

ワサビ 7歳
後輩
後輩

ワサビィ～ いい加減に 落ち着こうぜ（汗）

考えてみたら 子供心を忘れない 大御所芸能人って 多いよなぁ
うんうん

ワサビ 8歳
君は大物だったのかw
ワン！
やっと気付いた？笑

リーダー犬の素質

犬ぞり隊を束ねる リーダーは、 訓練してなれる わけではありません
キリッ

一番ケンカが強い ボス犬がなれる わけでもありません
オレのほうが強いのに～

とにかくひるまず 前へ前へと 出ていけるワンコ
勇気百倍～！

号令の聞き分けも ピカイチ！ 君こそがリーダー犬 なのです！

ぬげない毛皮

ケンカを売るワンコたち

クマ撃退（退散編）

ウ～
ガルルル
リーダー犬

今日は退散しよ
こわっ

ワンコも10頭集まると迫力あるんだよね～
おっぱらいました！
う

クマ撃退（逆上編）

ウォン
のし
のし
ウォン

ウォン
ウォン
ガオ～!!
ウォン
ウォン
ウォン

君たち～
勇敢なのは認めるけど
危機管理なさ過ぎ（汗）
ごそ

バン
やれやれ
絶滅危惧種の
シロクマくんは
保護しないとね

胴バンド（その昔編）

胴バンド（現代編）

犯人探し

ツギハギバンド

アッパリアス狩り①

アッパリアス狩り②

とっても暑がり

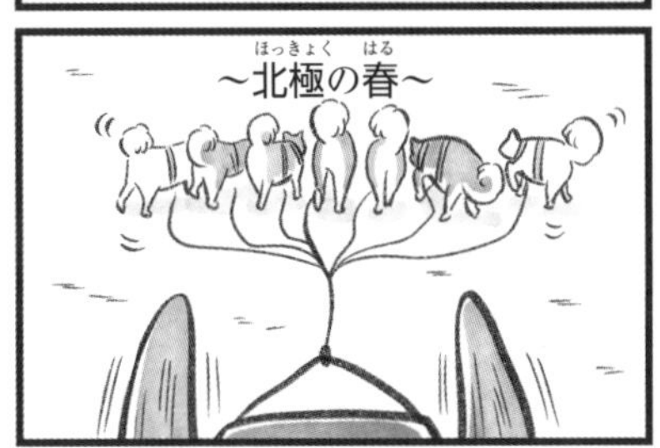

ワンコの夏

−40℃の世界では

瞬間接着剤

究極のダイエット法

北極で日本食

あとがき

北極犬ぞり探検家の山崎哲秀さんって、どんな人だと思いますか？
北極なんて、探検家なんて、きっと普通の人じゃないんだろうなって思っていませんか？

まずは、この本を手に取っていただき、本当にありがとうございました。
著者 山崎哲秀の妻、山崎有佐です。
妻の私があとがきを書いている理由は最後にお伝えしますね。

――「今日は、北極探検家の山ちゃんが来るよ」
2003年、南極観測隊の出発準備のため、東京の国立極地研究所で作業をしていた私は、北極探検家と聞き、真っ黒に日焼けした強面のごっつい人が来ることを想像していました。しかし、現れた彼はどちらかといえば色白で、穏やかで、清潔感のある人でした。身近にいそうな、普通の人だと思ったのを覚えています。

のちに私と家族になった彼ですが、日本にいるときは講演会や展示会の準備をしたり、ジョギングで体を鍛えたり、ビールを飲みながら料理を作るのが好きな、二人の子供たちにとって面倒見のよいごく普通の父親でした。

(なぁんだ、普通の人でも北極探検家になれるんだ〜)って思ったでしょうか?

いえいえ。実は、私が驚くほど日本にいる時と極地にいる時の彼は別人なのです!

彼に再会したのは2004年、南極の標高3810mにある『ドームふじ基地』でした。隊次は異なりますが、彼も私もフィールドアシスタントといって、観測隊の装備品の管理や、野外活動を安全面で支える任務を負っていました。

しかし、観測隊は少ない人数で観測から基地の設営までを行うため、任務にかかわらず全員で共同作業をすることが大半でした。

ドームふじ基地では、新しい観測室を拡張する工事や、氷の掘削作業をしていました。極寒で空気の薄い中、率先して力仕事をし、どんな作業でも無駄なく動き、道具を使いこなし、道具がなくても、いまあるものを工夫し活用する人。困っている人がいる時には、「それ、僕に任せて」と、的確な判断や対処をしてくれる頼れる人。極地での彼は、余すところなく実力を発揮していました。

それでいて、自己主張はせず、控えめな笑顔と口調で、誰とでも仲良く付き合える人でした。極地では普通の人じゃなかったのです。気力、体力、精神力ともに格別です（家族なので小さい声で言いますが、極地では格好いいのです）。

さて、南極から帰国後に彼が行ってきたアバンナット北極プロジェクトについて紹介します。アバンナット北極プロジェクトには、日本での展示会や講演会を手伝ってくれる友人がいますが（石丸恭子さん、いつもありがとう）、北極での活動は彼一人で行ってきました。活動当初こそ、犬ぞりで長距離を一人で移動しながら観測を行う冒険的な要素もありましたが、その後は、カナダやグリーンランドの拠点を中心に、気象観測や村人からの聞き取り調査、日本から来る研究者の観測の支援を行う、地味で地道な活動の繰り返しになります。気象データは継続して収集することに意味があるため、東日本大震災で日本が大変だった頃も、コロナ禍で出入国制限があった時も含め、毎年11月からの半年間を北極に滞在し、犬たちと活動を続けてきました。

彼が北極で行ってきた研究者の観測支援については、私は直接見ていませんが、ドームふじ基地で見た彼の姿や私の南極での経験から、容易に理解できます。

●安全確保（クレバスやクラックの位置、海氷の厚さの確認を行い、安全に行動するルートの選定やシロクマ対策）

●移動や観測物資の輸送手段の確保（犬ぞり）

- 観測拠点のテント設営、調理など
- 掘削の時は、やぐらを組んだり、掘削作業のサポート
- 現地の村人からの情報収集や交渉
- 装備や小物の調達、作製、改良、メンテナンス

などです。

彼は独自に気象データを収集するものの、彼自身は研究者ではなく、あくまでも裏方として、極地研究者の方々が観測調査を円滑に行えるようにサポートしてきました。

研究者自身が設営や安全確保などを行えるのがベストですが、現地での観測業務に専念するには、設営や安全確保を担ってくれるフィールドアシスタントの存在は欠かせません。

アバンナット北極プロジェクトでは、①北極観測基地設営、②北極観測支援、③文化交流でシオラパルクの存続をはかる、④犬ぞり文化の継承の4点を目標に掲げて活動を行

ってきました。今後、プロジェクトを継続していくにも、彼の代わりになる人も、後継者もいないので、同じことはできません。しかし、彼のためにも、彼の思いをつないで、できることを一歩でも二歩でも先に進めたいと考えています。

北極観測支援については、この本の制作にご協力くださった、渡辺興亜先生、的場澄人先生、青木輝夫先生、原圭一郎先生をはじめ、彼の多くの友人の極地研究者の方々にご検討いただいているところです。

文化交流については、活動の拠点となっていた北グリーンランドのシオラパルクやカナックの人々との交流のため、彼らの言語であるInuktun語（北グリーンランド語）の翻訳ツールを作れないか、友人と『Inuktun語翻訳プロジェクト』に取り組み始めたところです。

彼の遭難の際は、シオラパルク在住の大島育雄さんや息子さんのヒロシさんはじめ、多くの村人に仲間として捜索にあたっていただき、また思いを寄せていただきました。

そんな村人たちのフェイスブックが面白い。

アザラシやセイウチ、シロクマなどの狩猟やオヒョウなどの漁、獲った動物の料理、その皮やイッカク（クジラの仲間）の角を使ったハンドクラフト、その他、地球最北の村の日常の写真など、とても興味深いものの、どの翻訳ソフトを使っても本文が翻訳されないので、何が書いてあるのかわかりません。

Inuktun語は知れば知るほど翻訳が困難な言語であることがわかってきましたが、より村人たちを知りたい、もっとつながりたい、それが翻訳プロジェクトの原動力となっています。

アバンナット北極プロジェクトを応援してきて

くださった皆さんにも、彼にも、今後のプロジェクトの方向性についてよい知らせができればと思っています。

この本を手に取ってくださった皆さんに、北極の観測の世界に興味をもっていただき、その中から、彼の後に続いてくださる方が出てきてくれれば嬉しいです。

2024年3月　山崎 有佐

遭難について

2023年11月29日、山崎哲秀は、アバンナット北極プロジェクトにて活動中のグリーンランド シオラパルク村において海氷に落ち、行方不明となりました。セイウチに襲われた可能性が高いと考えられていますが、定かではありません。

犬ぞりで観測する北極のせかい

2024年4月6日　第1刷発行

著者　山崎 哲秀

漫画イラスト　イズー
編集人　江川 淳子　諏訪部 伸一
発行人　諏訪部 貴伸
発行所　repicbook（リピックブック）株式会社
〒102-0084　東京都千代田区二番町9-3 THE BASE麹町
TEL　070-4228-7824
FAX　050-4561-0721
https://repicbook.com
印刷・製本　株式会社シナノパブリッシングプレス

　ISBN978-4-908154-46-1

考文献：https://www.jccca.org/faq/15931（2-2　海面上昇の影響について）、https://www.env.go.jp/earth/ondanka/op2012/stop2012_ch3.pdf（このままでは地球が危ない）、https://www.nhk.or.jp/kaisetsu-blog/700/451760.html（"海の暖化"なにが起きる？）、https://www.spf.org/opri/newsletter/524_1.html#:~:text＝北極海の急速な，でも見当たらないしている。（海氷の変化から見る北極海のこれから）、https://ja.kushiro-lakeakan.com/overview/1019/（湖面に咲く冬絶景、フロストフラワー）、https://sdgs.jaxa.jp/article/detail/22.html#:~:text＝大気汚染による健康被害&text＝エアゾル粒子が人体に，を引き起こしてしまいます。（大気汚染を監視）、https://www.apiste.co.jp/column/detail/=4498#:~:text＝平均気温上昇に伴い，減るとされています。（北極が地球温暖化で受ける影響と北極が地球全体に与え影響）、https://ecotopia.earth/article-651/（北極にいた唯一のペンギン！オオウミガラスとは【絶滅動物シリーズ】）、tps://wrinps.com/2022/02/23/nature_28/（水や氷は透明なのに、雪はなぜ白いか）